形如草垛，密密麻麻

走进大自然

家是人类和动物休憩的场所，也是哺育后代的重要地方。因此，无论是人类还是动物，都会十分精心地营造自己的家园。《动物的家》这本书中介绍了燕子、河狸、蚂蚁等不同动物的家的形态和建造过程。本书的特别之处在于：对于每个动物的家的介绍都由三个方面的内容组成，先是以真实照片加上文字介绍动物建造家的材料和过程，接着以手绘图的方式分步骤、具体细致地呈现动物建造家的过程，最后在翻页中呈现和动物的家建造方式相似的人类的房屋形态。这样的介绍方式既能带领幼儿走进大自然，更加了解动物，同时也了解人类的建筑。平时，父母带孩子去旅行时，可以带着孩子一起留心观察当地的建筑风格，并和孩子展开讨论，这样既可以拓展孩子的知识面，也可以促进他们思维的发展。

撰文/［韩］求贤珍

大学时主修儿童学和经营学，目前从事绘本创作。著有《和妈妈亲亲问好！》等书。作者希望孩子们能通过这本书了解到动物们各式各样的家。

绘图/［韩］李仁化

大学时学习视觉设计，曾为游戏艺术家，现从事插图绘制工作。绘有《只和我玩嘛》《很好吃为什么不可以？》《居住在南极的企鹅》等书。

监修/［韩］鱼京演

在韩国庆北大学主修兽医学，专业是野生动物研究，并获取了兽医学博士学位。目前在韩国国立动物园担任动物研究所所长一职。著有《长颈鹿脖子长》《大象鼻子长》等书。

总 策 划　张永彬
策划编辑　黄　乐　查　莉　谢少卿

图书在版编目(CIP)数据

动物的家/［韩］求贤珍文；［韩］李仁化图；于美灵译.
—上海：复旦大学出版社，2015.5
（动物的秘密系列）
ISBN 978-7-309-11287-0

Ⅰ.①动…　Ⅱ.①求…②李…③于…　Ⅲ.动物-儿童读物
Ⅳ.Q95-49

中国版本图书馆CIP数据核字(2015)第053227号

本书经韩国教元出版集团授权出版中文版
上海市版权局著作权合同登记
图字：09-2015-167号

动物的秘密系列 4
动物的家
文/［韩］求贤珍　图/［韩］李仁化
译/于美灵
责任编辑/谢少卿　高丽那

复旦大学出版社有限公司出版发行
上海市国权路579号　邮编：200433
网址：http://www.fudanpress.com
邮箱：fudanxueqian@163.com
营销专线：86-21-65104507　86-21-65104504
外埠邮购：86-21-65109143
上海复旦四维印刷有限公司

开本 787×1092　1/12　印张3
2015年5月第1版第1次印刷

ISBN 978-7-309-11287-0/Q·95
定价：35.00元

动物的秘密系列 ④

动物的家

文/[韩] 求贤珍　图/[韩] 李仁化　译/于美灵

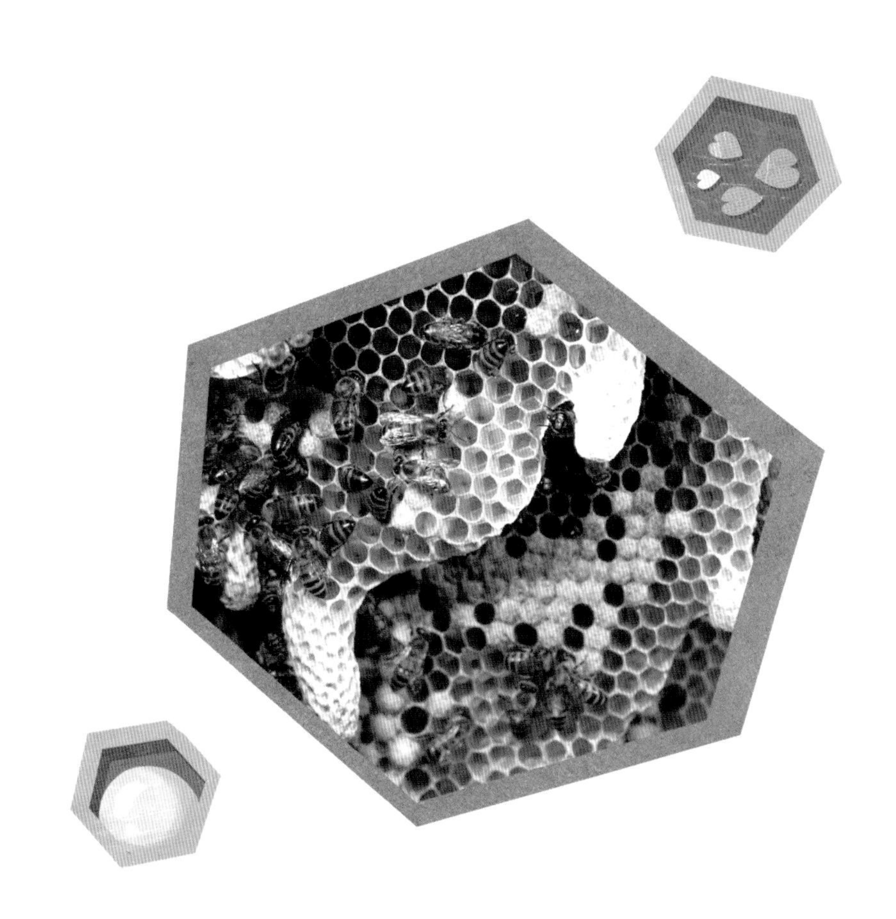

复旦大學出版社

伴随着“隆隆”的机器声，现代化的建筑拔地而起。公寓便成了我们许多人居住的房屋。

公寓的建筑方式一般是先用钢筋搭建框架，再用混凝土层层铺设而成。

其实，动物也像我们人类一样，住着自己的公寓呢！

让我们一起去观赏一下动物们那独具匠心的建房手艺吧！

大家好！我是建房高手——燕子！

我用草茎和泥土建房。

建房时，我会用嘴叼着草茎和泥土，一点一点地搬到建房的地方。

收集好材料之后，我再把衔来的泥土和草茎，用唾液黏结在一起。

这样，坚固耐住的房屋就建好了。

无论风吹雨打，它都稳稳当当的。

这个结实的小窝，就是我们燕子温暖的家。

1. 在屋檐下建房，
可以躲避可怕的敌人
和恶劣的天气。
2. 把衔来的草茎、
树枝、枯草叶和泥土，
用唾液黏结在一起。

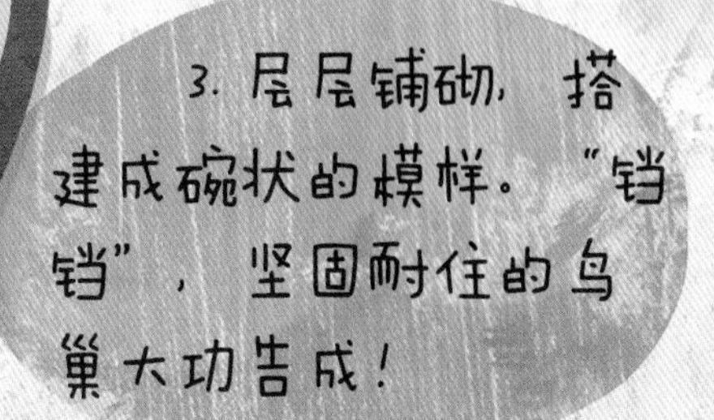
3. 层层铺砌，搭
建成碗状的模样。"铛
铛"，坚固耐住的鸟
巢大功告成！

像鸟巢一样的世界建筑

坐落在中国首都北京的国家体育场，仿佛是用树枝编织而成的。由于酷似鸟巢，所以也被称为 “鸟巢”。

瞧！一条条巨大的钢筋，是不是很像编织鸟巢的树枝？

2008 年北京奥运会之后，“国家体育场”开始对外开放，全世界的人都蜂拥来到这里参观。

现在，这里主要用于举办国际国内体育比赛和文化、娱乐等活动。

大家好，我是水上建筑师——河狸。

我现在正用坚硬的门牙，搜集建房用的木材。

我把在江边、湖边搜集到的树枝、软泥、石块等混合后，再用来建房。

对我来说，还有一件事和建房同样重要，那就是筑坝。

因为只有用堤坝拦住江河的水流，才能保障房屋安全。

1. 河狸可以轻易移动浮在水面上的大枝条。

2. 先用树枝、软土、石块筑造起可以拦截江水的堤坝。

3. 再把房屋建在堤坝内侧，使洞口位于水下，防止天敌侵扰。

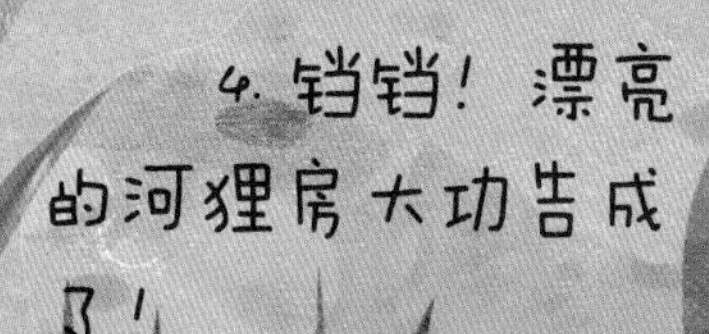

4. 铛铛！漂亮的河狸房大功告成了！

坐落在东南亚地区的 “水上房屋”，就形似河狸房。

“水上房屋”是指把木桩楔在江河、湖海或者海岸附近的水域中，并在上面建造的房屋。

“水上房屋”通风效果好，凉爽宜人。

TU HOANG
VUA DUA

等等！大家可不能把我给忘记喽！我可是地下建房专家——蚂蚁！

我们主要在地下或岩石缝里建造庞大的蚁穴，里面有很多房间，大如王宫。

各个房间的用途各不相同，有蚁王和蚁后的居所、照看蚁卵和幼蚁的育婴房、食物储藏室等。

蚁王、雄蚁、工蚁等一起生活，各司其职，相互协作。

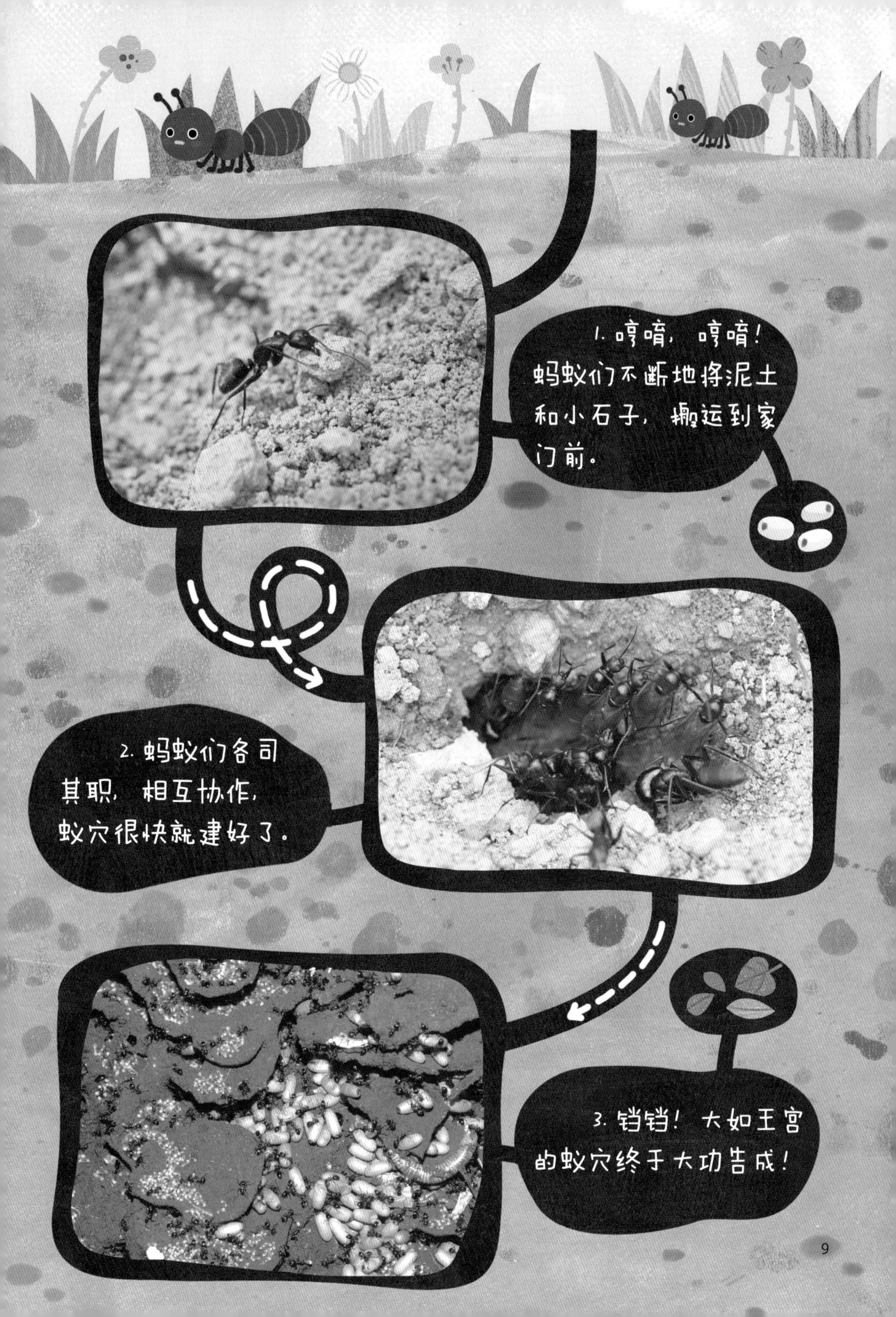
1. 哼唷，哼唷！蚂蚁们不断地将泥土和小石子，搬运到家门前。
2. 蚂蚁们各司其职，相互协作，蚁穴很快就建好了。
3. 铛铛！大如王宫的蚁穴终于大功告成！

代林库尤地下城的房屋众多，大如王宫；城内四通八达，十分便利。

房屋的用途也各不相同，有起居室、学校、教堂、厨房、酿酒坊、仓库等。

像蚁穴一样的世界建筑

位于土耳其的代林库尤，形同蚁穴，是一个长 85 米、高达 8 层的大型地下城。

代林库尤的含义是“深井”。以前在此生活的人们，为了抵御恶劣天气、防御外来侵略、维护宗教信仰，才建造了这座庞大的地下城市。

大家好！我们是建塔达人——白蚁。

我们收集泥土、沙子、石子和树叶，再混合黏稠唾液，来建造横亘地下和地上的大型塔穴。

大型白蚁穴，是用厚厚的泥墙建造而成的，最高可达9米。
房屋间，通道纵横，相互连通；洞穴众多，上下通风。
不管外面天气有多炎热，房间内也可以始终保持凉爽宜人。

坐落在西班牙巴塞罗那的“圣家族大教堂”，像白蚁穴一样，是用岩石层层累砌而成的。

“圣家族大教堂”是由西班牙最伟大的建筑设计师高迪设计的，它的美名享誉世界。

自 1882 年建造以来，虽已过去 130 多年，但直到现在“圣家族大教堂”还在建设当中，谁也不知道这座殿堂何时完工。

大家好！我们是建造正六角形房屋的高手——蜜蜂！

与圆形、正三角形、正四边形房屋相比，正六角形房屋可以节省空间和材料。

并且，我们在建房时，会使用特殊的材料，那就是我们蜜蜂特有的“蜂蜡”。

我们建房用了“经济原理”——用最少材料（蜂蜡），建造最大的空间（蜂房）。

1. 我们相互协作，
在树上或岩石缝中建
造房屋。
2. 黏附蜂蜡，营
造一个个小正六角形
蜂巢。
3. 铛铛！由无
数个正六角形蜂巢
构成的大型蜂巢，
终于大功告成了！

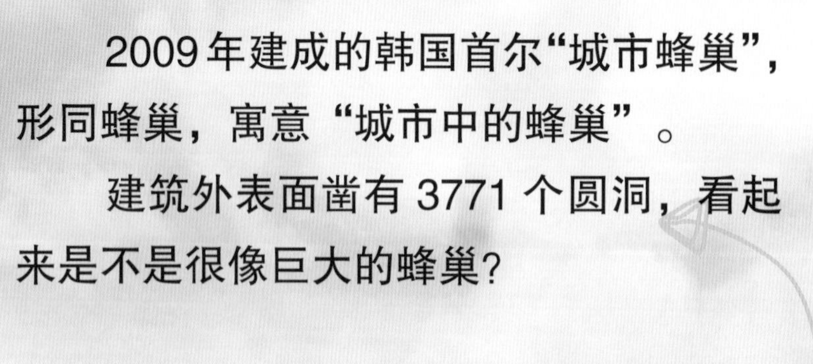

2009年建成的韩国首尔“城市蜂巢”，形同蜂巢，寓意“城市中的蜂巢”。

建筑外表面凿有3771个圆洞，看起来是不是很像巨大的蜂巢？

2001 年完工的康沃尔郡伊甸园是世界上最大的生态温室，那里汇集了几乎全球所有的植物。

康沃尔郡伊甸园的核心部分是三个“生物群落区”，每个“生物群落区”的建筑都有一个巨大的圆顶，这些圆顶因酷似蜂巢而声名远扬。

圆顶的正六角形构造有力地支撑起了高达 55 米的各个“生物群落区”。

等等！大家可千万不能把我忘记哦！

我可是结网艺术家——蜘蛛啊！

我腹部后面有一对纺丝器，可以纺出长长的、滑滑的细丝，用来结网。

我的脚很特别，可以在蜘蛛网上任意行走，却不会被蜘蛛网粘到，走起路来安全、畅通。

1. 蜘蛛一般会在建筑物的空隙和树枝之间编织蜘蛛网。

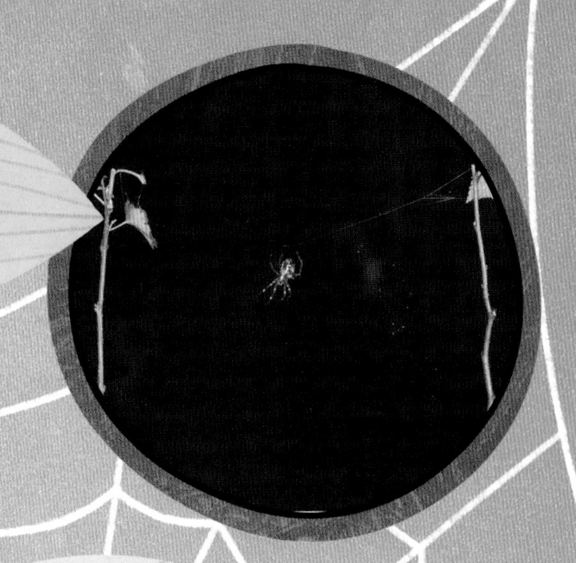

2. 从中间开始，一圈圈地绕，织出圆形的蜘蛛网。

3. 不同的蜘蛛，织出的蜘蛛网，也各不相同。

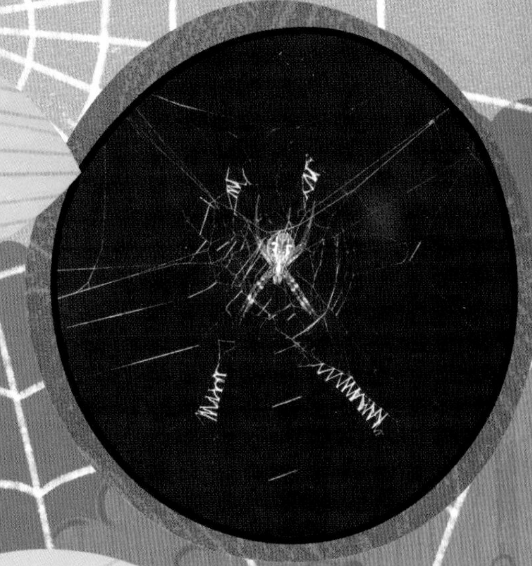

4. 哇！熠熠生辉的银色蜘蛛网，最终完成喽！

像蜘蛛网一样的世界建筑

在 1972 年的慕尼黑奥运会上，德国“慕尼黑奥林匹克竞技场”受到全世界人们的瞩目。

它的屋顶美轮美奂，仿佛是从天而降的蜘蛛网。

这些屋顶是由亚克力玻璃制成的。

瞧！是不是很像蜘蛛网呢?

赛后的“慕尼黑奥林匹克竞技场”被用作居民休闲公园。

大家好！我是啄木鸟！

我的嘴巴坚硬而又锋利，可以在树上凿洞。

我搭的窝，温暖又舒适。

虽然入口很小，但是里面宽敞舒适，其他动物都羡慕不已呢。

大家好！我是背着房子到处行走的寄居蟹。

我背的房子是其他动物的空壳。

所以每当我身体长大时，就找寻适合新体型的空壳，搬新家。

大家好！我是蜗牛！

我也是背着房子四处行走，但是背上的壳却是我自己的。

我一出生，就和被称作“贝壳”的空壳一起，形影不离。

每当我身体变大时，背上的壳也会一起变大。

燕子窝，既结实又温暖

河狸家，树条交织成垛

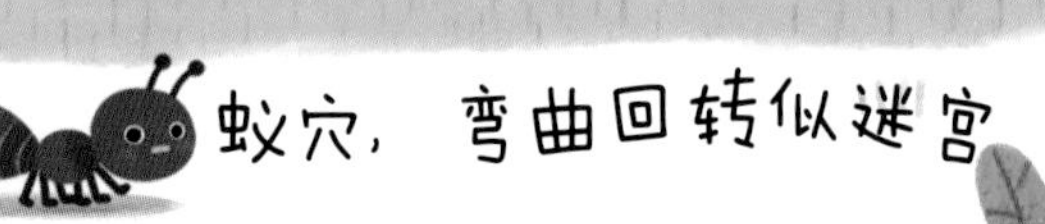

蚁穴，弯曲回转似迷宫

蜂巢，密密麻麻六角形

蜘蛛网，银光闪闪似丝线

白蚁巢，高耸入云赛尖塔

建造房屋的地点、材料、样式虽然各不相同，但作用大致相同，都是用来抵御敌人、守护家人、生儿育女、抚养子女的。

所以无论是对于人类还是动物来说，家都是不可或缺、弥足珍贵的！

去泥滩看一看！

到目前为止，我们已经对动物们建房的方法进行了仔细的观察。那么实地去泥滩看一下动物们精湛的建房技艺如何呢？

泥滩是指海水退潮后显露出来的广阔平缓的地域。在中国的沿海地区都可以看到。

泥滩只有在退潮后才可以看到，所以去之前最好先确认好退潮时间。

听一听！

在泥滩，可以听到各种各样的声音，如波涛汹涌声、鸟鸣声、芦苇随风摆动的声音等。请用心倾听这些天籁之声。

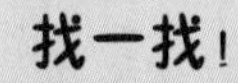

找一找！

仔细观看泥滩，不仅可以发现寄居蟹，还可以发现许多小圆洞。其实，洞里面居住着螃蟹、蛤蚌、沙蚕等小动物。等它们出来时，请仔细观察一下这些小家伙们！

▲ 大杓鹬

▲ 龙蟹

______的观察日记

<table>
<tr><td colspan="2">观察日期：</td><td>观察地点：</td></tr>
<tr><td rowspan="3">观察内容</td><td colspan="2">1. 请将在泥滩听到的声音，用不同的形状和颜色的线条画出来。
如
扑腾扑腾   </td></tr>
<tr><td colspan="2">2. 请画出你在泥滩见到的最漂亮的螃蟹。
</td></tr>
<tr><td colspan="2">3. 请写下自己在观察之后的感受。</td></tr>
</table>

啊哈，原来是河狸的家啊！